Depresja

Poradnik dla rodziny i bliskich

lek. med. Katarzyna Hein-Peters

I0390987

Wydawnictwo KHP Business Consulting & Coaching

Depresja – Poradnik dla rodziny i bliskich

Lek. med. Katarzyna Hein-Peters

Korekta: Magdalena Sadecka-Makaruk

ISBN 978-1-304-13987-0

„*Melancholia, tęsknota, smutek, zniechęcenie*

są treścią mojej duszy... Ze skrzydły złamanymi

myśl ma, zamiast powietrze przeżynać bezdennie,

włóczy się jak zbarczone żurawie po ziemi".

Kazimierz Przerwa-Tetmajer

SPIS TREŚCI

Wstęp

Kilka lat temu naszą parafią w New Jersey wstrząsnęła wiadomość o samobójczej śmierci mężczyzny – aktywnego członka parafii, właściciela firmy budowlanej, męża i ojca dwojga dzieci. Wiele osób z najbliższego otoczenia widziało zmiany w jego zachowaniu, jednak nikt nie podejrzewał choroby. U mężczyzn, częściej niż u kobiet, depresja nie jest rozpoznawana i przez to pozostaje nieleczona. Samobójstwo to najpoważniejsze powikłanie depresji, któremu można zapobiec tylko poprzez szybkie i właściwe leczenie. Tak więc koło się zamyka. Jak jednak rozpoznać depresję, gdy nikt się o niej nie uczył w szkole, a w społeczeństwie nadal panuje przekonanie, że to rodzaj „słabości", z którą trzeba sobie samemu poradzić? Depresja jest tak częstą chorobą, że każdy z nas przynajmniej raz w życiu się z nią spotka – u siebie lub w bliskim otoczeniu. Dlatego powinniśmy mieć podstawowe wiadomości na jej temat po to, aby zareagować i odpowiednio pokierować bliską osobą, gdy potrzebuje naszej pomocy.

Ten krótki poradnik ma spełnić to zadanie, czyli zapoznać Państwa z podstawowymi informacjami o depresji i odpowiedzieć na pytania:

- Jakie objawy i zachowania powinny wzbudzić podejrzenie depresji?
- Co robić, gdy podejrzewamy depresję u bliskiej osoby? Gdzie udać się po pomoc?
- Jak traktować chorego, u którego depresja jest już rozpoznana i leczona?

Poradnik ten dedykuję księdzu Krzysztofowi Lebdowiczowi, który niestrudzenie służy naszej parafii, dba o nasz rozwój duchowy i jednoczy naszą społeczność poprzez rozmaite inicjatywy społeczne wokół parafii. Ksiądz Krzysztof zainspirował mnie do napisania tego poradnika.

Czy depresja to choroba?

W języku potocznym używamy czasem słów „depresja", „chandra", „wypalenie" i „smutek" zamiennie, a ich kolokwialne znaczenie jest bardzo zbliżone. Jednak w języku medycznym „depresja" oznacza chorobę, z charakterystycznymi objawami, nie tylko psychicznymi, ale także fizycznymi, ze swoistym przebiegiem i zwykle pozytywną reakcją na leki przeciwdepresyjne lub psychoterapię. Chandra łatwo przemija pod wpływem przyjemnych wydarzeń, a czasem po prostu wskutek dobrego wypoczynku po weekendzie czy wakacjach, podczas gdy depresja przewleka się i pogłębia. Lekarze i psychoterapeuci, leczący chorych z depresją, potrafią odróżnić ją od przejściowego smutku, który towarzyszy nam w życiu codziennym jako normalna reakcja na negatywne wydarzenia życiowe.

Depresja prawdopodobnie towarzyszyła ludzkości od początku jej istnienia. Już Hipokrates w starożytnej Grecji opisywał „melancholię" jako odrębną jednostkę chorobową, charakteryzującą się długotrwałym, nadmiernym smutkiem, lękiem, czasem gniewem i obsesyjnymi myślami.

Termin „depresja" pochodzi od łacińskiego słowa *deprimere*, które oznacza *deprymować*. Od XIV wieku było ono używane w sensie „podporządkowania" lub „pognębienia ducha". Po raz pierwszy użyte w medycynie przez francuskiego psychiatrę Louisa Delasiauve w 1856 roku, wkrótce zaczęło oznaczać stan fizjologicznego i duchowego obniżenia funkcji emocjonalnych. Niemiecki psychiatra Emil Kreapelin był prawdopodobnie pierwszym, który użył sformułowania „stan depresyjny" na opisanie różnych diagnozowanych wcześniej typów „melancholii".

Od połowy XX wieku postępujący rozwój nauk medycznych pozwolił na dokładniejsze opisanie objawów chorobowych depresji, które zawarte są w klasyfikacji chorób, takich jak obowiązujące obecnie DSM IV i ICD 10. Światowa Organizacja Zdrowia ocenia depresję jako jedną z chorób, które najbardziej upośledzają codzienne funkcjonowanie pacjenta.

Objawy depresji

Uczucie smutku, osamotnienia czy żałoby jest normalnym stanem w życiu człowieka i nie wymaga leczenia. Każdy z nas odczuwał je czasem i był w stanie samodzielnie albo przy pomocy rodziny i przyjaciół powrócić do normalnego samopoczucia. Jednak gdy smutek nie mija przez kilka tygodni lub miesięcy, wydaje się niewspółmiernie głęboki do sytuacji życiowej i gdy towarzyszą mu inne objawy, wtedy należy podejrzewać depresję.

Typowe objawy depresji klinicznej to zaburzenia w kilku strefach:

Nastrój

- Chory odczuwa obniżony nastrój, smutek lub uczucie „pustki". Staje się płaczliwy, rozżalony, odczuwa lęki i niepokoje albo jest apatyczny.
- Traci zainteresowania lub nie odczuwa przyjemności przy wykonywaniu czynności, które wcześniej bardzo lubił.
- Jest niespokojny lub drażliwy (drażliwy nastrój może być dominującym objawem depresji u dzieci i młodzieży).

Myślenie

- Chory ma nadmierne lub nieadekwatne poczucie winy lub bardzo niską samoocenę (przekonanie, że jest nic nie wart).
- Odczuwa trudności w koncentracji uwagi i podejmowaniu decyzji.
- Ma nawracające myśli o śmierci lub samobójstwie, czasem tworzy plany odebrania sobie życia, rzadziej podejmuje próby samobójcze.

Objawy fizyczne

- Ma zaburzenia apetytu, skutkujące utratą masy ciała lub znaczącym przyrostem masy ciała, na przykład ponad 5% w ciągu miesiąca.
- Cierpi na zaburzenia snu, takie jak kłopoty z zasypianiem lub budzenie się bardzo wcześnie rano, czasem nadmierną sennością w ciągu dnia.
- Skarży się na nadmierne uczucie zmęczenia lub utraty energii.

Jeżeli co najmniej 5 z tych objawów występuje przez większą część dnia, prawie codziennie przez co najmniej 2 tygodnie i jeżeli wpływają one negatywnie na funkcjonowanie w domu lub w pracy, należy podejrzewać depresję.

Rodzina i otoczenie zwykle zauważają zmianę w zachowaniu osoby z depresją – jest ona smutna, płaczliwa, drażliwa, pesymistyczna lub ciągle zmęczona. Izoluje się od otoczenia, wydaje się być bierna i nie jest w stanie podołać zwykłym, codziennym obowiązkom. W pracy osoba z depresją staje się mniej wydolna, ma trudności w podejmowaniu decyzji, częściej bierze wolne dni lub jest „na chorobowym", czasem skarży się na kłopoty ze snem lub ogólnie złe samopoczucie. Depresja często powoduje różne dolegliwości fizyczne, tak więc chory może odczuwać bóle w okolicy serca, bóle głowy, dolegliwości ze strony przewodu pokarmowego (odbijanie, ściskanie w gardle, nudności, zaparcia), bóle w krzyżu itp. Chory może odwiedzać różnych lekarzy, starając się dociec przyczyny dolegliwości, w końcu dochodzi do wniosku, że „nikt i nic mu już nie pomoże" i po prostu cierpi. Otoczenie martwi się, że nie można znaleźć przyczyny choroby albo uważa chorego za hipochondryka. Czasem chory bezskutecznie szuka pomocy u homeopatów, bioenergoterapeutów i innych osób oferujących pozamedyczne metody leczenia.

W domu chory może izolować się od rodziny, skarżyć na zmęczenie lub brak energii, starać się jak najmniej uczestniczyć w życiu rodzinnym, stronić od przyjaciół oraz przestaje uczestniczyć w życiu rodziny i społeczności. Przestaje dbać o siebie i otoczenie. Niepokój wzbudzają nawracające myśli o śmierci albo stwierdzenia „lepiej było by, gdybym nie żył", „jestem dla was tylko ciężarem" i tym podobne. Czasem chory jest nadmiernie drażliwy, co wywołuje nieporozumienia lub kłótnie. Rodzina nie wie, jak pomóc osobie z depresją, gdyż „normalne" sposoby nie zdają egzaminu. Mówienie „weź się w garść" tylko rozdrażnia albo nasila poczucie chorego, że jego sytuacja jest beznadziejna. Często nastrój chorego jest najgorszy rano i poprawia się nieco wieczorem, co może sprawiać mylące wrażenie, że jak chory chce, to może się zmobilizować.

Duchowny, który dobrze zna chorego, też może zaobserwować zmiany zachowania, takie jak: znacznie zwiększone lub nieadekwatne poczucie winy oraz unikanie przez chorego modlitwy i uczestnictwa w nabożeństwach. Chory z depresją może wyrażać opinie, że „Bóg mu już nie pomoże", „jestem potępiony", a czasem nawet że Boga pewnie wcale nie ma. I chociaż osoby religijne rzadziej chorują na depresję i łatwiej z niej wychodzą, to w trakcie epizodu depresji modlitwa zwykle nie pomaga, a odwoływanie się do wiary w Boga i pouczenia, aby chory Mu zaufał, nie skutkują.

14

Występowanie depresji

Na świecie na depresję choruje 350 milionów osób, a w Stanach Zjednoczonych depresja dotyka około 10% społeczeństwa, czyli 15 milionów osób. W Polsce depresja występuje tak samo często, jak w innych krajach europejskich – czyli według Światowej Organizacji Zdrowia u jednej na 7 osób . Zapadalność na depresję wzrasta i może stać się drugą co do częstości chorobą po chorobach serca w 2020 roku. Już teraz depresja jest czwartym najpoważniejszym problemem zdrowotnym i główną przyczyną samobójstw na świecie. Nie wiadomo, czy wzrost zapadalności na depresję wiąże się z coraz częstszym jej występowaniem w populacji, czy też z łatwiejszym dostępem do lekarzy psychiatrów wraz z rozwojem gospodarczym krajów, czyli coraz lepszym jej rozpoznawaniem. Na pewno starzenie się społeczeństw sprzyja zwiększonej zapadalności na depresję, jako że występuje ona częściej u osób starszych.

Nie wiadomo dokładnie, jakie są przyczyny depresji, a badania nad tą chorobą wskazują zarówno na przyczyny psychiczne, jak i biologiczne. Kombinacja wielu czynników – stresu, predyspozycji genetycznych, zmian hormonalnych, czynników środowiskowych, tragedii osobistej – mogą wywołać epizod depresji.

Na depresję może zachorować każdy i nie ma stuprocentowego sposobu, aby się przed nią uchronić. Jednak są pewne grupy ludzi, którzy na depresję chorują częściej:

Kobiety. Według danych epidemiologicznych kobiety chorują na depresję dwukrotnie częściej niż mężczyźni. Przyczyn można doszukiwać się w wahaniach hormonalnych, takich jak spadek poziomu estrogenów po porodzie i w okresie menopauzy, jak również obciążeń psychicznych i emocjonalnych u kobiet, które starają się sprostać wielu wymaganiom naraz (rola matki i żony, rola zawodowa, rola opiekunki nad starszymi rodzicami lub teściami itp.).

Osoby przewlekle chore. Depresja często towarzyszy innym chorobom przewlekłym, takim jak choroby serca, udar, rak, HIV/AIDS, cukrzyca czy choroba Parkinsona. Zwykle obie choroby mają wtedy cięższy przebieg i należy leczyć je równocześnie. Skuteczne leczenie depresji poprawia rokowanie w innych chorobach przewlekłych.

Osoby cierpiące na przewlekły ból. Przewlekły ból i depresja często idą w parze. Depresja nasila odczuwanie bólu, a ból jako silny stres sprzyja depresji, co stwarza sytuację błędnego koła. Jak w przypadku innych chorób przewlekłych, obie

choroby należy leczyć rownocześnie, tym bardziej
że leczenie depresji zmniejsza nasilenie bólu.

Osoby starsze. Wprawdzie z wiekiem coraz mniej
jest wahań hormonalnych, jednak osoby starsze
zmierzyć się muszą ze zmianą roli społecznej,
utratą pozycji zawodowej po przejściu na
emeraturę, czasem utratą pozycji materialnej,
narastającą samotnością oraz zwiększającą się liczbą
dolegliwości fizycznych i gorszym
funkcjonowaniem umysłowym. Kombinacja
niekrzystnych czynników psychicznych i
pojawiających się chorób przewlekłych sprzyjają
zapadaniu na depresję, której częstość zwiększa się
około 50.-60. roku życia. Dodatkowo pojawia się
coraz bliższa perspektywa ostatecznego kresu,
która również sprzyja depresyjnemu spoglądaniu
w przyszłość.

W szczególności samotność jest jednym z
największych zagrożeń depresją, a w starszym
wieku staje się ona bardzo realnym problemem.
Im dłużej człowiek żyje, tym mniej ma przyjaciół,
członków rodziny czy znajomych, którzy w
międzyczasie odeszli z tego świata. Osoby starsze
nie nawiązują łatwo przyjaźni, tak więc pustka
pozostała po odejściu bliskich nie może być łatwo
zapełniona nowymi znajomościami. Młodzi
członkowie rodziny są często zbyt zajęci, aby
odwiedzać babcię i dziadka, tak więc czują się oni

niepotrzebni i zostawieni sami sobie. Depresja w tej sytuacji jest niemal naturalną reakcją na wzrastającą samotność i izolację i można jej zapobiegać jedynie poprzez utrzymywanie częstego kontaktu ze starszą osobą i aktywne angażowanie jej w codzienne życie rodzinne.

Osoby cierpiące na zaburzenia lękowe. Osoby cierpiące na różne zaburzenia lękowe (napady paniki, fobie, uogólnione zaburzenia lękowe itp.) też częściej skarżą się na depresję. Tak jak w powyższych przypadkach, lęk i depresję należy leczyć równocześnie.

Specjalną grupę zagrożoną depresją stanowią osoby z zespołem stresu pourazowego, tzw. *post-traumatic stress disorder* (PTSD), czyli osoby, których zaburzenia psychiczne powstały wskutek przejścia przez ekstremalny uraz, często związany z zagrożeniem życia. To bardzo różnorodna grupa osób, obejmująca żołnierzy walczących na froncie, dzieci alkoholików lub dzieci, które przeszły molestowanie fizyczne lub psychiczne, odratowanych z pożaru, lawiny, powodzi, osoby po wypadkach, napaściach, torturach itp.

Osoby uzależnione. Depresja sprzyja uzależnieniom, a uzależnienie może prowadzić do depresji. Alkohol poprawia na krótko nastrój, rozwesela i ożywia, więc osoby cierpiące na

depresję czasem piją w ramach prób
„samoleczenia", aby uwolnić się od złego nastroju
i napięcia. Podobnie nadużywanie leków
nasennych, uspokajających i niektórych leków
przeciwbólowych może prowadzić do
uzależnienia. Z drugiej strony wszystkie substancje
uzależniające mogą prowadzić do zaburzeń
nastroju, jeżeli są stosowane przewlekle. Depresja
może wystąpić także wskutek odstawienia
alkoholu, leków nasennych i uspokajających jako
element zespołu abstynencyjnego.

Emigranci. Większość Polek i Polaków, którzy z
różnych powodów zdecydowali się na emigrację,
radzi sobie bardzo dobrze. Po kilku latach w
obcym kraju zwykle stają na nogi, nostryfikują
dyplomy, zakładają własne firmy, zdobywają
dobrą prace i wracają do Polski na wakacje
uśmiechnięci, zadowoleni i dobrze zaadoptowani
w nowym kraju. Jednak istnieje mniejszość, która
nie umie sprostać nowej sytuacji, gubi się w obcej
kulturze, bardzo źle znosi rozłąkę z rodziną i nie
umie znaleźć sobie nowych przyjaciół (czemu
sprzyja zresztą nasza narodowa nieufność).
Prowadzi to do poczucia głębokiej samotności.
Powrót do kraju może być trudny, gdyż wiąże się
z upokorzeniem i przyznaniem do porażki.
Badania wykazały, że depresja występuje 3 razy
częściej u osób, u których nastąpił znaczny spadek
pozycji zawodowej i statusu społecznego na

emigracji w porównaniu z pozycją, jaką mieli w kraju.

Księża. Duchowni – ze względu na swój styl życia – są grupą bardziej narażoną na depresję niż reszta społeczeństwa. Z badań amerykańskich wynika, że księża katoliccy częściej chorują na depresję. Przyczyny zwiększonego ryzyka mogą wiązać się z samotnością wskutek braku rodziny, która mogłaby udzielić wsparcia na co dzień. Poświęcenie się problemom innych ludzi może prowadzić do przemęczenia i wypalenia, a przyjęcie na siebie roli wzorca moralnego w społeczności parafialnej czasem prowadzi do zwiększonej samokrytyki i poczucia winy, gdy się nie spełnia własnych, bardzo wysokich oczekiwań. Księża częściej myślą, że skoro ulegają depresji, to jest to ich wina i dowód braku wystarczającej dyscypliny i wiary w Boga.

Depresja u mężczyzn

Mimo że depresja występuje u mężczyzn rzadziej niż u kobiet, to jednak według danych epidemiologicznych jej częstość stale rośnie. Najprawdopodobniej wpływ na to mają zmiany społeczne, które pojawiły się w drugiej połowie XX wieku. Zmiany tradycyjnych ról kobiet i mężczyzn zaburzają poczucie tożsamości mężczyzn. W krajach takich jak Polska czy Stany

Zjednoczone, gdzie role kobiet i mężczyzn były tradycyjnie bardzo odrębne, emancypacja kobiet przejawiająca się w ich coraz większym udziale w pracy zawodowej, wzrastających zarobkach i oczekiwaniu, że mężczyzna w większym stopniu będzie uczestniczył w życiu rodzinnym i opiece nad dziećmi, podważają męskie poczucie wartości, oparte dotychczas na dominacji społecznej, politycznej, materialnej i seksualnej. Bardzo trudno mężczyźnie, który wyznaje tradycyjne wartości, utrzymać w tej sytuacji poczucie sensu życia, co może prowadzić do frustracji, poczucia porażki jako członka społeczeństwa i rodziny i w konsekwencji do depresji.

Mężczyźni gorzej też znoszą porażki zawodowe, w szczególności utratę pracy, która w obecnej sytuacji ekonomicznej staje się coraz częstszym doświadczeniem zarówno kobiet, jak i mężczyzn. O ile jednak kobieta rzadziej wiąże swoje poczucie wartości z karierą zawodową i może po prostu pracować na pół etatu lub więcej zajmować się dziećmi, o tyle dla mężczyzny brak pracy częściej jest katastrofą, w szczególności jeżeli wcześniej odnosił sukcesy zawodowe i widział swoją rolę w życiu jako głównego żywiciela rodziny.

Depresja przebiega trochę inaczej u mężczyzn niż u kobiet. Przede wszystkim mężczyźni rzadziej przyznają się do złego samopoczucie, częściej piją i w konsekwencji popadają w alkoholizm, co utrudnia radzenie sobie z trudnościami i powoduje sytuację błędnego koła, pogłębiając stan depresji. Mężczyźni mogą też inaczej odczuwać objawy depresji – częściej są zmęczeni i poirytowani, tracą zainteresowanie pracą, rodziną i hobby, rzadziej natomiast skarżą się na uczucie smutku. Częściej mają napady złości i agresji. I chociaż kobiety częściej podejmują próby samobójcze w depresji, mężczyźni częściej umierają wskutek prób samobójczych – są one niestety u mężczyzn bardziej skuteczne. W Stanach Zjednoczonych dodatkowym czynnikiem ułatwiającam skuteczne samobójstwo jest łatwość posiadania broni.

Mężczyźni rzadziej podejrzewają u siebie depresję, mniej chętnie mówią o swoich uczuciach i trudniej ich namówić do szukania pomocy. Ponieważ mężczyźni w depresji są bardziej zagrożeni samobójstwem niż kobiety, należy jednak nakłaniać ich do podjęcie leczenia mimo wszystko i nigdy nie bagatelizować zaburzeń nastroju i funkcjonowania, w szczególności u mężczyzn bezrobotnych, którzy stanowią grupę „zwiększonego ryzyka".

Przyczyny depresji

Najprawdopodobniej depresję mogą wywołać czynniki genetyczne, fizjologiczne, środowiskowe i psychologiczne.

Biologiczne przyczyny depresji

Medycyna uważa depresję przede wszystkim za chorobę mózgu, u podłoża której leżą zaburzenia niektórych neurotransmiterów, czyli substancji chemicznych odpowiedzialnych za prawidłowe przekazywanie informacji pomiędzy neuronami (komórkami, z których zbudowany jest mózg). Naukowcy odkryli, że depresja ma związek z zaburzeniami 3 z nich – serotoniny, noradrenaliny i dopaminy. Są one odpowiedzialne za regulację nastroju, reakcję na stres, sen, apetyt i popęd seksualny. Również niektóre badania mózgu, takie jak na przykład rezonans magnetyczny, pokazują, że mózg osoby chorej na depresję różni się od mózgu osoby bez depresji – części mózgu odpowiedzialne za nastrój, procesy myślowe, sen, apetyt i zachowanie wyglądają inaczej. Jednak obrazy te nie wyjaśniają, jaka jest przyczyna depresji i nie są wystarczająco dokładne, aby pomóc w rozpoznaniu depresji.

Czasami depresja występuje rodzinnie, wskazując na możliwe podłoże genetyczne. Naukowcy próbują ustalić, które geny powodują, że ktoś może być bardziej podatny na depresję. Wiele badań wskazuje na rolę genów odpowiedzialnych za transport serotoniny, które u osób skłonnych do depresji mają być mniej wydolne. Jednak są badania wskazujące na rolę innych genów, a także na powiązania między wpływami środowiskowymi, czynnikami genetycznymi i depresyjnym sposobem rozumowania.

Hormonalna teoria depresji wskazuje na nadmierną funkcję tzw. osi podwzgórzowo-przysadkowej, która odpowiada za reakcję na stres. U chorych na depresję wykryto podwyższony poziom kortyzolu i powiększenie gruczołów nadnerczowych, które wydzielają ten hormon. Korelacja ta jednak nie wyjaśnia, czy depresja jest wywołana zmianami hormonlnymi, czy też działając jako stres, powoduje zmiany hormonalne.

U kobiet depresja może wiązać się z obniżonym poziomem estrogenów, na podstawie obserwacji częstszych zaburzeń nastroju w okresie poporodowym (depresja poporodowa) i w okresie menopauzy.

Warto też pamiętać, że objawy niedoczynności tarczycy przypominają depresję – typowa jest apatia, uczucie zmęczenia, wzrost masy ciała.

Bardzo często badania czynności tarczycy przeprowadza się w ramach diagnostyki różnicowej depresji, aby je wykluczyć jako potencjalną przyczynę dolegliwości.

Inne teorie wskazują na prawdopodobną rolę cytokin, czyli substancji wydzielanych przez układ odpornościowy w reakcji na infekcję. Depresja, według tej teorii, byłaby spowodowana nieprawidłowym działaniem układu odpornościowego.

I wreszcie rola niedoboru światła wydaje się odgrywać rolę w tzw. depresji sezonowej (*SAD – seasonal affective disorders*). Chorzy cierpią na depresję tylko w okresie jesienno-zimowym i u około 50% z nich można uzyskać poprawę terapią światłem o wysokim natężeniu.

Psychiczne przyczyny depresji

Osobowość może sprzyjać depresji. Wielu badaczy zwraca uwagę na fakt, że istnieje korelacja pomiędzy sposobem myślenia i reagowania a częstszą zapadalnością na depresję.

Model poznawczy depresji. W latach 60. XX wieku amerykański psychiatra Antoni T. Beck zaproponował tzw. poznawczy model depresji. Według Becka to nasze myśli i przekonania kierują naszymi zachowaniami i emocjami. Tak więc depresja występuje częściej u ludzi z niską samooceną, brakiem wiary w siebie, nasiloną samokrytyką i tendencją do ucieczki od problemów. Beck opisał negatywną triadę, występującą u osób z depresją:

1. Negatywny obraz siebie – przekonanie, że jest się gorszym od innych.
2. Negatywny obraz świata – wiara, że interakcje z otoczeniem prowadzą do porażek i strat.
3. Negatywny obraz przyszłości – obawa, że obecne problemy i cierpienia nigdy się nie skończą.

Innymi słowy uogólnione negatywne postawy i przekonania kontrolują życie osoby z depresją, gdyż przenikają wszystkie myśli i emocje oraz służą do interpretacji wydarzeń, tak że chory wybiórczo interpretuje otaczający go świat i swoje życie. Istnieją badania, które dowodzą, że negatywne postawy i przekonania poprzedzają rozwój depresji.

Teoria społecznego uczenia się depresji. Kanadyjski psycholog społeczny Albert Bandura zauważył, że ludzie kształtują się poprzez interakcje pomiędzy ich myślami, zachowaniami a środowiskiem. Tak więc ludzkie zachowania są wynikiem uczenia się na podstawie bezpośrednich przeżyć i obserwacji środowiska. Ludzie z depresją niejako „nauczyli się" w swoim życiu zachowań depresyjnych i tego, że nie mają wpływu na swoje życie.

Model przywiązania. Angielski psychiatra John Bowlby w latach 60. XX wieku opracował teorię wiążącą depresję w wieku dorosłym z jakością relacji interpersonalnych dziecka z rodzicami lub opiekunami. W szczególności doświadczenia wczesnej utraty matki, separacji lub odrzucenia dziecka przez rodzica lub opiekuna powoduje jego przekonanie, że jest niekochane i może prowadzić do rozwoju negatywnego obrazu siebie i w konsekwencji do depresji w wieku dorosłym.

Inne szkoły psychoterapeutyczne także przyczyniły się do lepszego zrozumienia depresji:

- Zygmunt Freud, twórca psychoanalizy, zwracał uwagę na utratę bliskiej osoby i doświadczenia z wczesnego dzieciństwa w rozwoju depresji.
- Egzystencjaliści wiązali depresję z brakiem sensu życia i pozytywnej wizji przyszłości.
- Założyciel psychologii humanistycznej, amerykański psycholog Abraham Maslow, zasugerował, że depresja może pojawić

się, gdy ludzie nie są w stanie zaspokoić swoich potrzeb lub w pełni zrealizować swojego potencjału.

Środowiskowe przyczyny depresji

Niekorzystne środowisko społeczne może także przyczynić się do rozwoju depresji:

- Ubóstwo i izolacja społeczna zwiększają ryzyko wystąpienia różnych zaburzeń psychicznych.
- Fizyczne, emocjonalne i seksualne wykorzystywanie dzieci, jak również zaniedbanie ich potrzeb mogą prowadzić do rozwoju depresji w wieku dorosłym.
- Zaburzenia w funkcjonowaniu rodziny, na przykład depresja u jednego z rodziców, konflikt małżeński, burzliwy rozwód lub śmierć jednego z rodziców stanowią czynniki ryzyka depresji.
- Stresujące wydarzenia życiowe, w szczególności związane z odrzuceniem przez środowisko, często poprzedzają epizod depresyjny.
- Brak wsparcia społecznego dla osób w sytuacji kryzysowej stanowi czynnik ryzyka rozwoju depresji.
- Istnieją dowody, że depresja występuje częściej u osób, które mieszkają w

biednych dzielnicach, gdzie występuje wysoka przestępczość, handel narkotykami itp.

Niektórzy psychiatrzy i psychologowie zwracają również uwagę na wpływy cywilizacyjne, takie jak nieustannie zmieniające się warunki życia i wynikająca z nich trudność przystosowania się. Mimo że wiele zmian i unowocześnień obiektywnie przynosi nam korzyści, jednocześnie zwiększają one nasze ambicje i marzenia o sukcesie. Czasem nasze „ja" nie jest w stanie nadążyć za zmieniającym się światem i poddaje się zmęczeniu – jednak ambicje nie wygasają, więc pogrążamy się w poczuciu, że jesteśmy gorsi i że się nam „nie udało".To uczucie porażki może także prowadzić do depresji.

Rozwojowy model depresji

Która z tych teorii jest więc prawdziwa? Czy powinniśmy wierzyć w wyniki badań psychologicznych, społecznych czy biologicznych? Czy wszystkie te teorie są w takim samym stopniu udokumentowane? Współcześni badacze depresji generalnie zgadzają się, że większość z wymienionych wyżej teorii odgrywa ważną rolę w rozwoju depresji i że nie wykluczają się one wzajemnie. Wręcz przeciwnie, ponieważ mózg funkcjonuje jako jedna całość, procesy psychiczne i biologiczne zachodzą równocześnie –myśl i uczucie odbywają się w środowisku biologicznym mózgu, a procesy chemiczne w komórkch nerwowych skutkują zmianą nastrojów. Naukowcy zajmujący się depresją próbują więc stworzyć modele zintegrowane, uwzględniające predyspozycje genetyczne, prowadzące do nadwrażliwości na stresy, które skutkują nadczynnością osi przysadkowo-podwzgórzowo-nadnerczowej i negatywnym obrazem świata i w konsekwencji prowadzą do objawów depresji. Poniższy rysunek próbuje przybliżyć ten model (na podstawie rozwojowego modelu depresji Becka)

Rozwojowy model depresji

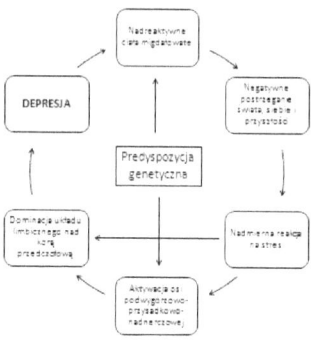

Adaptowano z AT Beck, "The Evolution of the Cognitive Model of Depression and Its Neurobiological Correlates" Am J Psych iatry 2008.165:969-977
AT Beck, "The Evolution of the Cognitive Model of Depression and Its Neurobiological Correlates" Am J Psychiatry 2008.165:969-977

Leczenie depresji

Wiele osób odczuwa wstyd przed rozpoznaniem i leczeniem depresji i traktuje ją jako „słabość charakteru". Jednak depresja jest chorobą jak każda inna i nieleczona może mieć negatywny wpływ na życie chorego. W najgorszym wypadku może prowadzić do samobójstwa. Bardzo często powoduje zaburzenia relacji z bliskimi, załamanie kariery zawodowej albo prowadzi do wielu niekorzystnych decyzji, podejmowanych pod wpływem negatywnych myśli i niskiej samooceny. Na przykład udowodniono, że depresja u młodych kobiet ma negatywny wpływ na osiągany poziom edukacji i w konsekwencji na wysokość późniejszych zarobków.

Długotrwała, nieleczona depresja może zwiększać ryzyko poważnych chorób somatycznych:

- działając jako wielomiesięczny stres, depresja powoduje długotrwałą stymulację hormonów, a te zaś mogą doprowadzić do powstania nadciśnienia tętniczego i w konsekwencji do innych chorób sercowo-naczyniowych,
- depresja sprzyja obniżeniu odporności, co może prowadzić do chorób zakaźnych, a także chorób nowotworowych.

Jeżeli objawy osiągają częstość i nasilenie opisane w rozdziale „Objawy depresji", należy zwrócić się do lekarza. W Stanach Zjednoczonych lekarz ogólny i internista są przeszkoleni w rozpoznawaniu depresji i mogą przepisać leki przeciwdepresyjne, a także skierować na odpowiednią psychoterapię. W Polsce lekarze rodzinni są także szkoleni w rozpoznawaniu depresji i mogą albo sami włączyć leczenie, albo pokierować chorego do specjalisty. U 70% chorych leczenie przynosi bardzo dobre efekty, często w ciągu kilku tygodni. Osoby skutecznie leczone osiągają tak samo dobry poziom funkcjonowania w społeczeństwie, jak osoby bez depresji.

Mimo tego wiele osób zgłasza się do lekarza bardzo późno, gdy depresja przyczyniła się już do wielu problemów w życiu chorego. Często przyczyną są fałszywe przekonania i obawy, na przykład:

**„*Z czasem poradzę sobie sam(a) i depresja przeminie bez leczenia".* **Depresja rzadko przemija samoistnie, a nieleczona trwa zwykle wiele miesięcy lub lat (czasem nie przemija w ogóle). Osoba będąca w depresji nie jest w stanie sama sobie skutecznie pomóc, tak samo jak chory z cukrzycą lub chorobą serca nie jest w stanie sam skutecznie się wyleczyć ze swoich objawów. Im dłużej depresja nie jest leczona, tym trudniej reaguje na leki. Ponadto wiele badań wskazuje, że depresja sprzyja innym chorobom, na przykład chorobom serca.

„Nie zawsze czuję się smutna (smutny), więc chyba nie muszę się leczyć". W depresji chory nie musi czuć się smutny lub płakać przez cały dzień. Czasem dominują objawy fizyczne, takie jak bóle głowy, mięśni, zaburzenia snu, uczucie zmęczenia. Chory może mieć obniżony nastrój, ale nie traktuje tego jako głównego objawu, a raczej jako skutek dolegliwości fizycznych. W rzadkich przypadkach „depresji maskowanej" smutek może nie występować w ogóle, a chorzy skarżą się raczej na apatię, zmęczenie, uczucie napięcia i różne dolegliwości fizyczne. W depresji maskowanej lekarz też często musi wykluczyć inne choroby, aby móc rozpoznać zespół objawów jako depresję.

„Nie chcę brać leków przeciwdepresyjnych przez całe życie". Czasami chorzy na depresję obawiają się leków przeciwdepresyjnych i wierzą, że te leki uzależniają albo „ogłupiają", lub mogą zamienić ich w „zombie". Czasem też myślą, że „leki tylko zobojętniają na problemy, ale problemy nie przemijają". Przede wszystkim leki przeciwdepresyjne nie zmieniają osobowości. Przeciwnie, pomogą one choremu wrócić do

poprzedniego stanu funkcjonowania i poczuć się znów sobą. Leki przeciwdepresyjne oferują bardzo skuteczne leczenie depresji, jednak nie są jedyną metodą radzenia sobie z chorobą. Różne formy psychoterapii są zalecane w depresji, w szczególności terapia poznawczo-behawioralna, która pomaga choremu analizować jego uczucia, myśli i obawy oraz oferuje sposoby radzenia sobie ze stresem i prowadzi do poprawy nastroju i funkcjonowania. Zwykle psychoterapia nie działa tak szybko jak leki, ale lepiej zapobiega nawrotom depresji w przyszłości. Najlepsze efekty osiąga się dzięki połączeniu leków i psychoterapii. Ponadto leczenie lekami przeciwdepresyjnymi rzadko trwa przez całe życie – zwykle wystarcza kilka miesięcy terapii. Metody leczenia zależą głównie od przebiegu choroby i są dostosowywane indywidualnie do każdego pacjenta, jednak w sytuacji gdy depresja jest ciężka i gdy przebiega z myślami samobójczymi, leczenie farmakologiczne należy rozpocząć jak najszybciej.

Trzeba też pamiętać, że leki przeciwdepresyjne nie uzależniają, w przeciwieństwie do niektórych innych grup leków, na przykład nasennych czy przeciwbólowych. Dlatego lepiej jest leczyć depresję lekami przeciwdepresyjnymi, niż „pomagać sobie", stosując leki nasenne w depresyjnych zaburzeniach snu czy leki przeciwbólowe w dolegliwościach fizycznych wynikających z depresji.

„*Leki przeciwdepresyjne spowodują, że utyję*". Jak wszystkie farmaceutyki leki przeciwdepresyjne mają objawy niepożądane i przyrost masy ciała może być jednym z nich. Są też leki przeciwdepresyjne, które mogą powodować spadek masy ciała. Najlepiej porozmawiać z lekarzem, aby dobrać najlepszy lek dla pacjenta i jego sytuacji.

„*Leki przeciwdepresyjne zniszczą moje życie seksualne*". Niektóre leki przeciwdepresyjne mogą mieć negatywny wpływ na życie seksualne. Sama depresja wpływa negatywnie na życie płciowe, więc często leczenie pomaga. Tak jak w przypadku innych objawów niepożądanych, niektóre leki przeciwdepresyjne mają mniej negatywny wpływ na sferę seksualną.

„*Wstydzę się rozmawiać z moim lekarzem o depresji*". Ponieważ depresja jest chorobą bardzo częstą, każdy lekarz słyszy o niej wielokrotnie w swojej praktyce zawodowej i nie jest ona dla niego chorobą szczególną – szczególmie w Stanach Zjednoczonych, gdzie leczenie depresji spoczywa najczęściej na lekarzu rodzinnym. Depresja jest jak podwyższony cholesterol czy nadciśnienie, które trzeba po prostu leczyć. Ponadto lekarz ma obowiązek dochowania tajemnicy lekarskiej, więc informacje o stanie chorego pozostaną zawsze między nim a lekarzem. Jednak jeżeli chory ma obiekcje przed rozmową z własnym, znajomym lekarzem, można spróbować innych opcji:

- Niektóre ubezpieczenia zdrowotne w Stanach oferują możliwość rozmowy z pielęgniarką przez telefon. Pielęgniarka pomoże w ocenie objawów i pokierowaniu chorego do właściwego specjalisty.
- Wizyta u psychoterapeuty może mieć podobny skutek i pomóc w ocenie objawów i podjęciu właściwego postępowania.

„Obawiam się, że lekarz lub terapeuta będzie mnie wypytywał o bolesne dla mnie sprawy". Czasami rozmowa z lekarzem o przykrych objawach jest nieunikniona, bo tylko w ten sposób można postawić właściwe rozpoznanie i ustalić leczenie. Ponieważ depresja jest częstą chorobą, istnieje duże prawdopodobieństwo, że lekarz i terapeuta znają dobrze jej objawy i nie muszą wypytywać o nieistotne szczegóły, a także rozumieją, że rozmowa jest dla pacjenta bolesna i będą ją prowadzić w sposób delikatny.

„Leki przeciwdepresyjne nie są refundowane przez ubezpieczenie". Leki przeciwdepresyjne są najczęściej refundowane przez ubezpieczenie, a ich koszt zależy od leku i od dawki. Wiele leków

przeciwdepresyjnych występuje w postaci generyków, tak że istnieje możliwość ich zakupu nawet bez refundacji za około $15 miesięcznie.

„Słyszałam(em), że leki przeciwdepresyjne powodują samobójstwa". W ostatnich latach niektóre badania wskazywały na zwiększoną częstość występowania myśli i zachowań samobójczych (ale nie zgonów) wśród dzieci i młodzieży leczonych lekami przeciwdepresyjnymi. Od 2004 roku FDA wymaga od producentów leków przeciwdepresyjnych, aby dodawali tę informację w ulotkach o leku w postaci ostrzeżenia, czyli tzw. *„black box"*. Jednak badania populacyjne wskazują, że w Stanach Zjednoczonych liczba samobójstw systematycznie spada w miarę zwiększania się zastosowania leków przeciwdepresyjnych, tak więc dowodzi to, że skuteczne leczenie depresji jest najlepszą metodą zapobiegania samobójstwom. Najważniejsze jest, aby w sytuacji, gdy występują myśli samobójcze, jak najszybciej zgłosić się do lekarza.

Leczenie farmakologiczne depresji

Leki przeciwdepresyjne stanowią dużą i zróżnicowaną grupę, tak więc możliwości leczenia jest wiele. Jeżeli stosowane są zgodnie z zaleceniami lekarza, są skuteczne i dobrze tolerowane. Poprawa występuje u 70% chorych, a efekt terapeutyczny zwykle zaczyna pojawiać się w ciągu kilku tygodni. Nie zawsze pierwszy przepisany lek jest skuteczny i czasem trzeba zwiększyć dawkę, zmienić lek lub dodać lek z innej grupy. Leki przeciwdepresyjne działają skuteczniej w depresji ciężkiej w porównaniu z depresją umiarkowaną lub lekką.

Leki przeciwdepresyjne mogą powodować objawy niepożądane, szczególnie na początku leczenia. Na szczęście u większości leczonych są one nieznaczne i szybko przechodzą, zwykle po 3-4 tygodniach od rozpoczęcia terapii. Najczęściej chorzy skarżą się na nudności, biegunki lub zaparcia, drażliwość, bezsenność lub odwrotnie – nadmierną senność oraz bóle głowy. W sytuacji, gdy objawy niepożądane są znacznie nasilone lub nie ustępują, należy zgłosić się do lekarza.

Niektóre leki przeciwdepresyjne mogą też wywołać długoterminowe objawy niepożądane, które ustępują dopiero po zakończeniu leczenia – są to zburzenia seksualne, takie jak osłabienie popędu płciowego i zaburzenia orgazmu, czasami też zaburzenia snu.

W celu doboru właściwej terapii trzeba dokładnie opisać lekarzowi wszystkie objawy, w tym objawy fizyczne. Dobrze jest także przygotować sobie i zapisać pytania, na które chory chce otrzymać odpowiedź, aby o nich nie zapomnieć w trakcie wizyty.

Leki o słabym działaniu przeciwdepresyjnym bez recepty (suplementy diety)

W Stanach dostępnych jest kilka suplementów diety (leków bez recepty), które mają słabe działanie przeciwdepresyjne – są to SAMe i ziele dziurawca (*St. John's wort*). Mają one tylko działanie wspomagające w depresji, poza tym trzeba zwrócić uwagę na dawkę – zbyt małe dawki nie mają działania przeciwdepresyjnego. Leki te powinny być przyjmowane pod kontrolą lekarską, po pierwsze dlatego, że ich działanie może być za słabe, a po drugie, ponieważ mogą mieć działania niepożądane.

Wysiłek fizyczny

Wysiłek fizyczny ma działanie przeciwdepresyjne, gdyż powoduje wydzielanie endorfin w mózgu, czyli substancji poprawiających nastrój. Badania wykazały, że regularny wysiłek fizyczny, nawet spacer, poprawia nastrój, zwiększa kondycję fizyczną i poprawia samoocenę. Osobie w depresji bardzo trudno jest zmusić się do ćwiczeń fizycznych, dlatego dobrze jest poprosić kogoś o towarzystwo i wspólnie chodzić do klubu fitness lub na spacer.

Leczenie szpitalne

Hospitalizacja w depresji służy przede wszystkim ochronie chorego przed samobójstwem, dlatego leczenie szpitalne jest konieczne wtedy, gdy wystąpiła próba samobójcza albo gdy chory ma bardzo intensywne myśli samobójcze. Stan taki występuje rzadko i tylko w ciężkiej depresji, dlatego większość chorych jest leczona ambulatoryjnie. Hospitalizacja w depresji jest zwykle krótka, o ile poprawa objawów w wyniku farmakoterapii nastąpi szybko.

Psychoterapia

Istnieje wiele metod psychoterapeutycznych, które mogą być stosowane w leczeniu depresji, jednak **terapia poznawczo-behawioralna** jest stosowana najczęściej. Wiele badań wskazuje na jej skuteczność, chociaż na poprawę zwykle czeka się dłużej niż w przypadku leków przeciwdepresyjnych. Terapia poznawczo-behawioralna nie koncentruje się na przyczynach depresji, ale na tym, co chory może zrobić tu i teraz, aby poczuć się lepiej. W terapii poznawczo-behawioralnej nacisk położony jest na rozpoznanie i korygowanie negatywnych postaw i przekonań, które prowadzą do obniżenia nastroju. Terapia poznawczo-behawioralna nie tylko prowadzi do ustąpienia objawów depresji, ale także lepiej niż same leki zapobiega nawrotom choroby.

Terapia skupia się na ukierunkowywaniu myślenia chorego tak, aby zmienić jego stosunek do wydarzeń życiowych, a w konsekwencji także jego reakcji na te wydarzenia. Terapia jest w gruncie rzeczy lekcją realizmu, czyli uczeniem chorego, aby zaakceptował życie takim, jakie jest, i nie oczekiwał specjalnego traktowania. Terapia uczy odporności, a nie poddawania się.

Rola chorego w terapii

Poprawa nastroju, nawet przy wsparciu farmakologicznym, wymaga własnego zaangażowania chorego i chęci zmiany własnego sposobu myślenia i zachowań. Stosunkowo niedawno neurolodzy dokonali ciekawego odkrycia, wskazującego na to, że mózg jest bardziej plastyczny, niż uważano wcześniej, i można go „ćwiczyć" trochę tak, jak ćwiczymy mięśnie. Okazało się, że mózg nie jest niezmienny i nawet u osoby dorosłej można nauczyć mózg lepszego funkcjonowania. W mózgu istnieją – jak ścieżki – „wydeptane" szlaki połączeń neuronalnych, odpowiadające naszym najczęstszym reakcjom emocjonalnym i wyuczonym zachowaniom, czyli nawykom. Tak więc można „wyćwiczyć" mózg w reagowaniu lękiem i depresją na bodźce i sytuacje. Osoba, która od lat tak reagowała, ma tendencję do popadania w depresję i nie może tego zmienić, chyba że podejmie świadomy wysiłek i wytworzy w swoim mózgu nowe „ścieżki". Ale jak tego dokonać? Tak jak tego uczy terapia poznawczo-behawioralna, trzeba zmieniać swoje negatywne myśli i interpretację świata na bardziej pozytywne, zmuszać się do aktywności mimo braku energii i dzięki temu „wyrabiać" w swoim mózgu nowe szlaki neuronalne. Farmakoterapia może bardzo pomóc w początkowym etapie, poprawiając nastrój i poziom energii, ale aby zapobiec nawrotom choroby, osoba ze skłonnością do depresji musi sama lub przy pomocy terapeuty wytrenować nowe sposoby myślenia i zachowania – przestać pogrążać się w smutnych myślach i rozpamiętywać smutne przeżycia, izolować od innych, skupiać wyłącznie na sobie i na własnych doznaniach. To trochę tak, jak z trenowaniem nowego sportu lub uczeniem się obcego języka – trzeba czasu i zaangażowania, aby osiągnąć wyniki, ale bez względu na wiek można osiągnąć pozytywne efekty.

Bardzo ważne jest także:

- Stosowanie leków według zaleceń lekarza, nawet jeżeli trzeba zaczekać na poprawę przez 4-6 tygodni.

- Nieprzerywanie leczenia, nawet jeżeli nastąpi poprawa. Czasem trzeba kontynuować leczenie przez kilka miesięcy po ustąpieniu objawów, aby zapobiec nawrotowi epizodu depresji. Jeżeli masz wątpliwości, jak długo należy przyjmować leki, poradź się lekarza.
- Zredukowanie stresu w domu i w pracy.
- Otwarte komunikowanie się z lekarzem i teraputą, aby mogli oni w pełni pomóc. Jeżeli chory ukrywa informacje o sobie i o chorobie, lekarz i terapeuta nie są w stanie w pełni mu pomóc.

Gdzie szukać pomocy?

W Stanach Zjednoczonych najlepiej zwrócić się do własnego lekarza rodzinnego, który nie tylko może przepisać leki przeciwdepresyjne, ale także wie, jak pokierować chorego, aby uzyskał bardziej specjalistyczną pomoc psychiatry lub psychoterapeuty. Jednak w sytuacji, gdy nie wiadomo, do jakiego lekarza się zwrócić, można znaleźć listę lekarzy na „żółtych stronach" pod hasłem „*mental health*" (zdrowie psychiczne), „*health*" (zdrowie), „*social services*" (pomoc społeczna), „*suicide prevention*" (zapobieganie samobójstwom), „*crisis intervention services*" (interwencja kryzysowa), „*hotline*" (gorąca linia), „*hospitals*" (szpitale) lub „*physicians*" (lekarze).

American Psychological Association (Amerykańskie Towarzystwo Psychologiczne) na swojej stronie internetowej http://www.apa.org/ ma listę psychologów zajmujących się terapią różnych zaburzeń psychicznych, których można odnaleźć według adresu lub kodu pocztowego.

W sytuacji kryzysowej można po prostu zwrócić się do lekarza w szpitalnej izbie przyjęć, który nie tylko pomoże w danej sytuacji, ale także skieruje chorego do właściwego lekarza w celu długoterminowego leczenia.

W Polsce najlepiej zwrócić się do lekarza psychiatry, w państwowej poradni zdrowia psychicznego lub w praktyce prywatnej. Wprawdzie obecnie lekarze rodzinni uczą się rozpoznawania i leczenia depresji, jednak wielu lekarzy ogólnych i internistów nie ma odpowiedniej wiedzy na temat zaburzeń nastroju i rzadko umieją pomóc choremu na depresję. Mogą oni natomiast przeprowadzić diagnostykę różnicową i wykluczyć inne choroby, które mogą wydawać się przyczyną dolegliwości fizycznych.

Grupy samopomocy

Grupy samopomocy dla osób z depresją istnieją w wielu krajach na świecie i są zorientowane na pomoc chorym w aktywnym podejściu do zwalczania depresji. Trudno jednoznacznie ocenić skuteczność takich grup, jednak na pewno spotkanie z ludźmi, którzy mają podobne problemy i są zmotywowani do ich rozwiązywania, może pomóc choremu w jego własnych zmaganiach z chorobą.

Depressed Anonymous, czyli Anonimowi Depresanci, to grupy samopomocy zorganizowane na bazie 12 kroków, podobnie do Anonimowych Alkoholików. Wspólne dla tych programów jest przeświadczenie, że z depresją można sobie poradzić i że uczestnictwo w grupie pomaga w zapobieganiu nawrotom depresji. W Polsce podobne grupy istnieją w kilku miastach, głównie w Warszawie. Podobne założenia prezentuje Fundacja na Rzecz Życia Bez Depresji i Uzależnień VITRIOL w Warszawie.

Istnieją również inne grupy samopomocowe w depresji, które można znaleźć w internecie. Uczestnictwo w takich grupach nie powinno jednak wykluczać farmakoterapii czy psychoterapii depresji, które są podstawowymi metodami leczenia.

Jak pomóc choremu na depresję?

Najważniejsza rzecz, jaką należy zrobić dla osoby z podejrzeniem depresji, to nakłonić ją do szukania pomocy lekarskiej, w celu ustalenia diagnozy i podjęcia leczenia. Następnie należy wspierać chorego w systematycznym przyjmowaniu leków, towarzyszyć mu podczas wizyt u lekarza, a czasami pilnować, czy przyjmuje przepisane leki i stosuje się do innych zaleceń lekarza, na przykład unikania alkoholu podczas leczenia.

Druga co do ważności rzecz to udzielanie choremu emocjonalnego wsparcia, polegające na spędzaniu z nim czasu, słuchaniu go bez osądzania i bez udzielania porad typu „weź się w garść". Ważna jest empatia, akceptacja i okazanie zrozumienia.

Zaangażuj się w rozmowę z chorym. Wysłuchaj go uważnie, nie lekceważ jego uczuć, ale zwróć uwagę na realia i ofiaruj pomoc. Przypominaj jego/jej pozytywne cechy i osiągnięcia życiowe, pomimo tego że początkowo chory będzie im zaprzeczał. Nie ignoruj uwag o samobójstwie i zawsze zgłoszaj je lekarzowi leczącemu chorego. Próbuj wciągać chorego do codziennych aktywności, takich jak spacery, kino, sport, aktywności religijne, ale nie bądź zbyt natarczywy. Chorzy na depresję potrzebują aktywizacji, ale nie może ona następować zbyt szybko, aby uniknąć poczucia, że znowu się nie udało. Staraj się pomóc choremu w wykonywaniu codziennych czynności, które w depresji stają się trudne, na przykład w załatwieniu sprawunków, przygotowaniu posiłku, sprzątaniu mieszkania czy w opiece nad dziećmi.

Nigdy nie oskarżaj chorego, że udaje chorobę lub że jest „słaby". Nie oczekuj, że sam się wydostanie z depresji. Pod wpływem leczenia stan chorych zwykle się poprawia, więc trzeba o tym pamiętać i czasem to choremu powtarzać, aby wzbudzić w nim optymizm. Pocieszanie i dawanie rad nie tylko nie pomaga, ale powoduje pogorszenie samopoczucia chorego. Datego nie powtarzaj choremu, że „Nie jest jeszcze tak źle" i „Mogło by być znacznie gorzej" albo „Musisz wziąć się w garść". Również nie należy żartować z chorego albo wydziwiać i traktować chorobę jak lenistwo. Nie wolno też reagować zniecierpliwieniem, wstydzić się za chorego wobec otoczenia i nie zachowywać dyskrecji w kwestii choroby lub leczenia.

Nigdy nie należy kategorycznie wypowiadać się na temat leczenia depresji, na przykład, że „leki w ogóle nie pomogą" albo „po co Ci ta psychoterpia?". Tylko specjalista może ocenić, jaka jest najlepsza metoda leczenia w danym przypadku i nie należy chorego nigdy zniechęcać do terapii.

W rodzinie chorego najbardziej dotknięte chorobą są dzieci, które nie rozumieją, co się dzieje i mają tendencję do obwiniania siebie za smutek matki czy ojca. Dlatego należy się nimi zająć, otoczyć czułością i opieką, wytłumaczyć, że stan rodzica jest przejściowy i nie oznacza, że rodzic ich nie kocha. Starsze dzieci należy zachęcać do kontynuowania aktywności towarzyskich, sportowych i innych zainteresowań.

Ważna jest też rola duchownych, którzy stykają się z chorymi na depresję w swojej codziennej pracy. Nie należy chorego pouczać, napominać, że „Jak masz poczucie winy, to się wyspowiadaj" albo że „Nie wierzysz, że Pan Bóg odpuścił Ci grzechy? Może Twoja wiara jest zbyt mała?" i „Gdybyś zawierzył Bogu, to poczułbyś się lepiej". Mimo że duchowny chce dobrze i pragnie pomóc, to takie stwierdzenia tylko pogarszają sytuację – chory ma wystarczająco duże poczucie winy i nie należy go pogłębiać. Tak więc duchowny powinien po prostu wysłuchać chorego, okazać zrozumienie i nakłonić do wizyty u lekarza, jeżeli podejrzewa depresję.

Samobójstwo

Ponad 1 milion osób na świecie ginie rocznie
wskutek samobójstw, co powoduje, że jest to
dziesiąta w rankingu przyczyna zgonów.
Samobójstwa popełniają częściej ludzie młodzi, a
mężczyźni giną wskutek samobójstw 3-4 razy
częściej niż kobiety. Wynika to prawdopodobnie z
faktu, że mężczyźni wybierają bardziej gwałtowne
metody odebrania sobie życia (np. strzał z broni
palnej, powieszenie, rzucenie się pod koła
pojazdu, skok z wysokości), podczas gdy kobiety
częściej wybierają przedawkowanie leków lub
otrucie gazem, więc łatwiej je odratować. Ocenia
się też, że rocznie na świecie podejmowanych jest
10-20 milionów nieudanych prób samobójczych.

Najczęściej samobójstwa popełniane są przez
osoby z zaburzeniami psychicznymi, a depresja
jest najczęstszą przyczyną samobójstw – w sumie
depresja leży u podłoża 60% wszystkich
samobójstw.

W ciągu ostatnich 45 lat liczba samobójstw na
świecie wzrosła o 60%, głównie w krajach
rozwijających się. W tym samym czasie liczba
samobójstw znacznie spadła w krajach
rozwiniętach (takich jak Stany Zjednoczone,
Australia, Szwecja, Węgry), prawdopodobnie
wskutek lepszego rozpoznawania i leczenia

depresji. W jednym z badań ustalono, że w latach 1988-2002 uniknięto ponad 30,000 samobójstw w Stanach Zjednoczonych dzięki zastosowaniu nowych leków przeciwdepresyjnych.

Oprócz depresji czynniki ryzyka samobójstwa obejmują:

- Inne choroby i zaburzenia psychiczne, na przykład schizofrenię.
- Uzależnienia – od alkoholu, leków i substancji uspokajających, substancji psychostymulujących (kokaina, metamfetamina). Ryzyko samobójstwa jest większe zarówno w trakcie brania narkotyków, jak również podczas zespołu abstynencyjnego, czyli gdy chory podejmuje próbę ich odstawienia (z tego powodu leczenie uzależnień powinno odbywać się pod opieką specjalisty).
- Uzależnienie od hazardu – między 12% a 23% nałogowych graczy podejmuje próby samobójcze. Zwiększone ryzyko samobójstwa notuje się także u ich współmałżonków.
- Stany po urazach mózgu i przewlekłe stany bólowe, szczególnie gdy towarzyszą im depresja lub alkoholizm.
- Kryzysy życiowe i współistniejące stany psychiczne: poczucie beznadziejności

sytuacji, nieumiejętność rozwiązania
poważnego problemu, impulsywność.

- Media (w tym internet) nagłaśniające
przypadki samobójstw mogą sprzyjać tzw.
copycat suicides, czyli samobójstwom
naśladowczym. Zdarzają się one u
nastolatków, które pozostają pod zbyt
dużym wpływem mediów i mają potrzebę
naśladowania celebrytów i rówieśników.

- Wcześniejsze próby samobójcze – wbrew
potocznym opiniom, że nieudane próby
samobójcze służą „zwróceniu uwagi
otoczenia", ludzie, którzy podejmowali
próby samobójcze w przeszłości, są
bardziej narażeni na zgon wskutek
„udanego" samobójstwa.

Znany badacz problematyki samobójstw Ringel
określił charakterystyczne zachowania osoby
mającej zamiar popełnić samobójstwo. Nazwał go
zespołem presuicydialnym i opisał jego cechy:

1. przeżywanie niepokoju i lęku,
2. poczucie zagrożenia, małej wartości i
niewydolności prowadzące do stanu
rezygnacji,
3. autoagresja,
4. ucieczka od realnych problemów w
fantazjowanie na temat śmierci i snucie
planów samobójczych.

Decyzja o samobójstwie rzadko jest podejmowana pod wpływem impulsu – częściej poprzedza ją czas rozmyślań i przygotowań, dlatego można mówić o „wysyłaniu sygnałów" o samobójstwie. Mogą to być takie zachowania, jak:

- wypowiedzi, że „nie warto żyć" lub że bliskim „było by lepiej beze mnie",
- izolowanie się od otoczenia,
- gromadzenie tabletek, środków chemicznych, przygotowanie sznura,
- oglądanie miejsc dogodnych do popełnienia samobójstwa,
- spisywanie testamentu i wydawanie poleceń dotyczących rozporządzenia majątkiem,
- rozdawanie swoich rzeczy, czasem oddanie znajomym kota czy psa,
- nieoczekiwane odwiedzanie przyjaciół i rodziny, które mogą sprawiać wrażenie „żegnania się",
- częste wizyty w kościele lub odwiedzanie duszpasterza,
- rozważania o śmierci, rozmowy o pogrzebach,
- sny o tematyce śmierci, pogrzebu, egzekucji itp.

Zachowania „presuicydialne" powinny stanowić poważny sygnał alarmowy dla otoczenia i bliskich i spowodować natychmiastową interwencję lekarską, najlepiej psychiatryczną. W niektórych przypadkach konieczne jest natychmiastowe leczenie szpitalne, aby uchronić chorego przed samym sobą aż do czasu, gdy depresja poprawi się na tyle, że zagrożenie samobójstwem minie. Każda, nawet pozornie „banalna" próba samobójcza, powinna skutkować wizytą w szpitalnej izbie przyjęć lub wezwaniem pogotowia.

Nie obwiniaj się, gdy ktoś z Twojego otoczenia podjął próbę samobójczą – skuteczną lub nie. Bardzo trudno jest ocenić zagrożenie samobójstwem, szczególnie jeżeli chory nie mówi otwarcie o planach odebrania sobie życia. Trudno także zrozumieć poziom zagrożenia, ponieważ my zdrowi nie jesteśmy w stanie sobie wyobrazić, że ktoś mógłby targnąć się na własne życie. Pozostałym przy życiu bliskim może wydawać się, że coś zaniedbali, że powinni przewidzieć, że ktoś jest winny zaistniałej sytuacji. Podobnie może czuć się lekarz, który pozwolił choremu na wyjście ze szpitala, uznając jego stan za zadowalający. Nikt nie jest w stanie kontrolować w pełni zachowania drugiego człowieka i chociaż 90% chorych na depresję ma myśli o śmierci, niewielki procent naprawdę próbuje odebrać sobie życie.

Przebieg i postaci depresji

Według międzynarodowej klasyfikacji chorób (DSM IV) istnieje kilka rodzajów chorób afektywnych:

1. Epizod depresyjny, który może być łagodny, umiarkowany, średni, ciężki lub nieokreślony – jeżeli depresja wystąpiła tylko jeden raz.
2. Nawracające zaburzenia depresyjne – gdy chory ma więcej epizodów depresyjnych w życiu.
3. Dystymia, czyli uporczywe zaburzenia nastroju – to stan przewlekłej, jednak niezbyt głębokiej depresji.
4. Chroba afektywna dwubiegunowa (choroba maniakalno-depresyjna) – w tej chorobie oprócz epizodów depresyjnych występują stany podwyższonego nastroju, gonitwy myśli, braku snu, obniżonego krytycyzmu i w związku z tym skłonność do podejmowania złych decyzji, takich jak bezkrytyczne inwestycje, nadmierne wydatki, promiskuityzm i tym podobne.
5. Depresja poporodowa – występująca u kobiet po porodzie, bardziej

głęboka niż występujący częściej tzw. „*baby blues*".

6. Depresja sezonowa (SAD – s*easonal affective disorder*) – występująca tylko w okresie jesienno-zimowym, prawdopodobnie wskutek niedoboru światła słonecznego.

Rola duchowości w depresji

Jaki jest sens depresji? Czy ma ona wymiar duchowy? Dlaczego Bóg zsyła na nas tak wielkie cierpienie? Niejednokrotnie osoby wierzące zadają sobie te pytania, szczególnie, że depresję odczuwają jako utratę wiary w Boga i całkowity brak nadziei. Ludzie w depresji często nie umieją się już modlić, czują się opuszczeni przez Boga.

Bardzo mądrze pisze o duchowości depresji ksiądz Krzysztof Grzywocz w wydanej przez Wydawnictwo Salwator książce „W mroku depresji". Jest ona zapisem sesji przprowadzonj przez ks. Grzywocza w Krakowie w listopadzie 2000 roku. Wymienia on wielu świętych i wybitnych chrześcijan, którzy doświadczyli w swoim życiu depresji: św. Jana od Krzyża, św. Ignacego Loyolę, św. Edytę Stein, mistyczkę Adrienne von Speyr i innych. Pisze o drodze duchowej poprzez depresję, a także modlitwach i tekstach z Pisma, które mogą stanowić pomoc duchową dla chorych (Kazanie na Górze, Psalm 88, rozpacz Hioba i inne).

Depresja może mieć znaczenie w rozwoju życia duchowego poprzez przypomnienie nam o tym, czego nigdy nie przepracowaliśmy, a co tkwi jak zadra i nie pozwala nam pójść do przodu, dorosnąć, cieszyć się życiem. Depresja ma też znaczenie dla bliskich chorego – uczy ich cierpliwości, oddania, słuchania i akceptacji.

Istotą zdrowia duchowego jest akceptacja. U osób głęboko religijnych depresja występuje rzadziej i szybciej z niej wychodzą. Religijność i praktyki duchowe uodparniają na stres i dzięki temu poprawiają zdrowie – badania udowodniły, że osoby głęboko religijne rzadziej trafiają do szpitali, mają niższe ciśnienie i rzadziej chorują na chorobę wieńcową. Dlaczego? Oddają to najlepiej słowa modlitwy „Bądź wola Twoja". Kto potrafi powierzyć swój los sile wyższej, dozna ulgi, która działa uzdrawiająco.

Warto przeczytać:

Pisząc ten poradnik, korzystałam z wielu opracowań i książek. Dwie z nich polecam osobom, które pragną pogłębić swoją wiedzę o depresji.

Ewa Woydyłło „Bo jesteś człowiekiem. Żyć z depresją, ale nie w depresji", Wydawnictwo Literackie, Wydanie pierwsze, Kraków 2012.

Ewa Woydyłło jako psycholog zajmuje się leczeniem uzależnień, poradnictwem rodzinnym i pomocą w rozwiązywaniu konfliktów. Jest autorką wielu książek. W tej publikacji radzi, jak zmierzyć się z depresją metodami niefarmakologicznymi. Ta ciekawa pozycja pokazuje, jak można zmienić swój sposób myślenia i postępowania, inaczej odnosić się do siebie i świata i dzięki temu zmniejszyć prawdopodobieństwo depresji i jej nawrotów.

Ks. Krzysztof Grzywocz „ W mroku depresji", Wydawnictwo Salwator, Kraków 2011.

Książka ta jest publikacją sesji Centrum Formacji Duchowej (CDF) w Krakowie poświęconej zagadnieniu depresji. Opisuje drogę duchową chorych na depresję, wymienia świętych, którzy przeżywali depresję i proponuje modlitwy dla osób z depresją i ich rodzin.

BIBLIOGRAFIA:

1. AT Beck „The Evolution of the Cognitive Model of Depression and Its Neurobiological Correlates", Am J Psychiatry 2008;165:969-977.
2. ER Berndt et al. "Lost Human Capital From Early-Onset Chronic Depression", Am J Psychiatry 2000; 157:940-947. 10.1176/appi.ajp.157.6.940
3. Depresanci http://depresanci.republika.pl/
4. Depressed Anonymous @ http://www.depressedanon.com/
5. DSM IV @ PsychCentral @ http://psychcentral.com/disorders/
6. Ks. K Grzywocz „W mroku depresji", Wydawnictwo Salwator, Kraków 2011.
7. I. Kirsch et al. "Initial Severity and Antidepressant Benefits: A Meta-Analysis of Data Submitted to the Food and Drug Administration", PLoS Medicine, www.plosmedicine.org, February 2008, Volume 5, Issue 2, e45: pp 0260-0268.
8. J. Krzyżowski „Depresja. Z gabinetu prywatnego", Wydawnictwo Medyk, Warszawa 2002.
9. M.S. Milane et al. "Modeling of the Temporal Patterns of Fluoxetine Prescriptions and Suicide Rates in the United States", PLoS Medicine, www.plosmedicine.org, June 2006, Volume 3, Issue 6, e190: 0816-0824.

10. NIMH @
    http://www.nimh.nih.gov/health/topics/depression/index.shtml
11. I. Scott et al. "Use of cognitive therapy for relapse prevention in chronic depression: Cost-effectiveness study", British Journal of Psychiatry (2003), 182: pp 221-227.
12. VITRIOL Fundacja na Rzecz Życia Bez Depresji i Uzależnień http://fundacja-vitriol.pl/dzialania.php
13. WebMD @
    http://www.webmd.com/depression/default.htm
14. Wikipedia @
    http://en.wikipedia.org/wiki/Major_depressive_disorder
15. E. Woydyłło „Bo jesteś człowiekiem. Żyć z depresją, ale nie w depresji", Wydawnictwo Literackie, Wydanie pierwsze, Kraków 2012.